FM 89.9
东方都市广播

上海东方都市广播系列丛书

做饭简单

臻臻 著

上海文化出版社

朋友眼中的臻臻和她的美食

中国烹饪大师 周华：
能让您的餐桌更添美味的美丽主播。

汪姐私房菜掌门人 汪英：
菜美，味美，人美，臻品。

资深媒体人 赵复铭：
温馨课堂，美丽厨娘，结识了她，学做臻品菜肴，真的很惬意。

国际烹饪比赛金奖获得者 料理小熊：
祝臻臻在美食的领域里不停地畅游。

美食评论家、作家 食家饭：
美丽的小厨娘，为你做一道菜，是我表达爱意与友情的独特方式。

生活美食家 喻小2：
臻臻的美食，真实的美味。

美食专栏作家 鱼菲：
每天打发一食，引馋涎，此乃臻膳美！

饭小馆餐厅总厨 范志宏：
改良传统！保留传统！臻臻带给你更多的幸福美食！

Fa Café 行政副总厨 Kelvin：
支持美食，支持臻臻！

甜点主厨 Mikko：
愿小厨娘臻臻永远和美食相伴！

舌尖上的臻味

有一天，臻臻得意地拿来几张色、艺、形都很赞的菜肴照片，对我说，这是她做的。有模有样的色面、造型、摆盘，着实令我大为惊诧，我脱口而出："你会做菜？这真是你做的？"她一脸认真地说："是的，我蛮喜欢做菜的。"当时也忘了问臻臻，她是从小就会，还是后来学的？

三年来，每天傍晚5点，不仅秀色可餐还敏而好学的臻臻在东方都市广播《今天吃什么》节目中用心为美食导航。她与各路食神一起挖掘味道好、有特色的佳肴，用听觉与味觉传递美食的质感与美妙香味；与大厨、民间高手分享烹饪秘籍、私房菜点，力推美食新"煮意"。爱是最好的佐料，臻臻快乐地做着自己喜爱的节目，她不时组织听友们到各地"品吃"；通过微信微博和听众朋友热切互动，赢得了无数的"臻丝"。这中间，臻臻自己更是"近水楼台先得月"，深得各路大厨和民间高手的真传，厨艺日臻。《做饭臻简单》是她三年精心"煲"、倾情"炖"出来的，是广播读物版的"舌尖上的中国"。煎炒蒸炸、中西交融，一道道靓丽的菜肴，精彩纷呈。书中漂亮的照片、通俗而专业的文字、独具个性的特色菜谱，配以她和大厨们实际操作的高清视频，让人有如品佳肴、似尝美味的感觉。

系着围裙的臻臻别有一番贤淑干练的"美厨娘"风范。她说："能将兴趣爱好和工作融为一体，自己是有福的。"想来"美厨娘"的听友和家人也是有福的，那一道道美味佳肴，有着浓浓的化不开的亲情友情，蕴藏着生活中的无尽乐趣。或许这本《做饭臻简单》能让你和臻臻一样，在幸福的时光里，带给家人亲友更加活色生香的"满汉全席"，乐享好生活！

上海东方都市广播总监 尚 红

臻臻的开场白

善烹华宴，会调小鲜，有着主持人的嘴和大吃货的心。大家好！我是臻臻。

傍晚5点是我每天中最"煎熬"的时刻，满嘴说着飞禽走兽各种美食，却一口都吃不到！每家每户飘出的饭菜香，却一点都闻不到！因为我在直播《今天吃什么》节目。所产生的本能反应就是，口水流了直播间一台子！

我的"饿梦"是从三年前开始的，当时领导在寻觅一个适合做《今天吃什么》的美食主持人，不知怎么就选中了我。或许是本人有国外留学时必须亲自下厨，不然就要饿肚子的经历；或许是本人一说到吃就两眼冒光，被人封了个"舌尖上的地陪"的称号；还或许是本人主持风格一直亲切、随意，像个充满着"人间烟火气"的邻家小厨女。

反正，领导这决定绝对是把我给"坑"了。而每天参与直播的客座嘉宾，其中有享誉海内外的顶级大厨、美食博客的明星博主等，他们更是"害我不浅"。

这三年来，我每天都在挑战着"馋"的极限，但每回都被自己彻底打败。我有N多回一做完直播节目，立马驱车杀进菜场，挑选各色食材，回家就埋锅造饭起来。当广播节目中分享的菜肴，真真切切地出现在自家饭桌上，家人还好吃得"根本停不下来"时，这种喜悦的心情犹如获得世界冠军一样。

善烹的菜肴攒多了就可以摆圆台面啦。于是，就有了这本小书《做饭臻简单》。

本书延续了我一贯"没大出息"的处世原则：不要太辛苦，不要不开心。就是让大家零基础都能轻轻松松搞定好菜，还能快快乐乐地享受厨房生活。书里所呈现的几大单元："肉香最迷人"、"江河海鲜味"、"鸡鸭比翼飞"和"饭点素食配"是由我自己来制作、拍摄、编写完成的，而"朋友齐上阵"不仅邀请了《今天吃什么》节目的明星嘉宾亲自助阵，还精心拍摄了烹饪视频，只要扫描书中的二维码，就能观看详细视频，让你足不出户就能跟大师学做菜。

总之，想通过此书号召更多"80后"能走进厨房，用美味佳肴牵起一家人亲情的纽带，乐享好生活。

或许某一天，当你走进某条小路里的某家菜场，听到某个女生用似曾相识的声音跟摊主讨价还价，不用怀疑，那可能就是我！

目 录 | Contents

肉香最迷人

江河海鲜味

目 录 | Contents

肉香最迷人

好吃不过"黄金六两"

香煎猪颈肉

以"黄金六两"的猪颈肉打头阵，自认为猪颈肉是最争气的部分，比五花瘦，比里脊肥，脂肪分布均匀，炒烤煎炸样样适用。去了几次菜场都没买到，求助于生鲜网站，前天定购，昨天送到我家，今天就变成餐桌上的美味啦。

 做法 /Steps

1. 猪颈肉切片，用甜辣酱、糙米醋、叉烧酱、料酒、蚝油、鱼露腌渍一晚。

2. 用甜辣酱、糙米醋、叉烧酱、蜂蜜混合成酱汁。

3. 取出腌渍的猪颈肉，放入锅中两面煎熟。

4. 在煎肉的过程中，酱汁用刷子刷在肉身上，另一半留着蘸食用。

臻臻这样说：

猪颈肉本身肥肉部分不多，但是口感其实比较软嫩，所以各种做法都比较适合。因为传统的菜场和超市比较少见到猪颈肉卖，大多数时候是在馆子里吃到的，所以做法的噱头就比较多了，比如炭烤猪颈肉、蜜汁猪颈肉等等。如果自己在家做的话，直接切成丁爆炒也很好吃。

材料 /Materials

- 食材：猪颈肉
- 调料：甜辣酱、糙米醋、叉烧酱、料酒、鱼露、蜂蜜、蚝油

吃完唆唆手指头才圆满
⚜ 蜜汁烤肋排 ⚜

我承认自己是有点返祖的，看到肉在火炙下噗噗冒油、吱吱作响，闻到阵阵烧烤时飘出的香气，内心就有抑制不住的喜悦。这道"蜜汁烤肋排"是我定期必会做的。凭心情用各种酱料、酒、葱姜水腌渍一晚，隔天放入烤箱200℃烤20分钟，翻面再烤10分钟就搞定了。吃时手抓着啃起来，吃完手指头唆起来，爽！

做法 /Steps

1. 先制作酱料，料酒、叉烧酱、排骨酱、黑胡椒，或任何你想放的酱料均可混制。

2. 把肋排放在酱料中腌渍一晚上，放入冰箱中。

3. 烤箱预热200℃，放入肋排，烤20分钟，翻面再烤10分钟。

4. 取出装盘，可下衬生菜叶装饰。

臻臻这样说：

可边烤边刷一些由蜂蜜腌制的酱料组成的香料汁，使其更入味，表面更有光泽度。

材料 /Materials

- 食材：肋排、生菜
- 调料：排骨酱、叉烧酱、料酒、黑胡椒粉、蜂蜜

没烤箱也能烤出好肉

✕ 煤气灶版蒜香烤梅肉 ✕

前几日在家用烤箱做了肋排，引起了众多没烤箱的羡慕嫉妒恨，难道没有烤箱就不能又爽了吗？本宫特此研发出煤气灶版"蒜香烤梅肉"，想涂什么酱料都无所谓，做法更是随性得一塌糊涂，是地球人都能学会，而且绝对一次成功。不相信的话，赶快去买块梅肉，回家试试看！

 做法 /Steps

1. 锅子洗净，开小火，不用放油，把梅肉放入，上面铺上拍扁的大蒜。倒进料酒，盖上盖子焖。

2. 用一份叉烧酱和两份生抽调成酱汁，淋在肉上。

3. 盖上锅盖继续焖，其间添加几次酱汁，直到焖熟为止。取出放到略凉再切片装盘。

臻臻这样说：

1. 全程要用最小的火来烤，不然外焦里不熟。

2. 除了料酒，一点水都不要放哦。

3. 酱料的咸甜程度完全按照自己的口味来调配。也可用排骨酱、照烧酱等各种你喜欢的酱料。

4. 记得多拍点大蒜，更香。

5. 用牙签能轻松戳到底，说明已经熟了。

材料 /Materials

· 食材：梅肉

· 调料：叉烧酱、生抽、大蒜、料酒

酸酸甜甜就是我

茄汁排条

如果用一种味道形容我，那一定是酸酸甜甜。喜欢品尝美食的女生，必定爱家爱生活；追求精致装盘的女生，必然对美有独特审美；而钻研亲手烹饪的女生，必会把家庭料理得井井有条。学得快，悟性高，有创意，重实践。厨房方寸见处世方圆，我是80后新女性，此处必须有掌声！

做法 /Steps

1. 猪里脊切成长3厘米、宽1厘米的小段。

2. 放料酒、鸡蛋、淀粉、盐，搅拌上浆。

3. 油烧热，把里脊放入，炸至金黄后捞出吸油。

4. 留一点底油，爆香蒜末，放入番茄酱翻炒，倒入白醋、糖和少量水进行调味。

5. 最后倒入里脊肉与茄汁搅拌均匀，起锅前撒上烘焙过的白芝麻。

臻臻这样说：

1. 我选用的是西班牙伊比利亚黑猪腹心肉，它深深地藏在腹心，无法直接切割获得，需要将覆盖在它外部的肉和脂肪细致剥离之后，才能完整地获得它。弹性、口感都是一流的。

2. 挂浆需要稍微厚一点，让里脊外层包裹着糊。

3. 当里脊炸熟时，开大火使它炸到表面金黄。

材料 /Materials

- 食材: 猪里脊、鸡蛋、白芝麻
- 调料: 番茄酱、白醋、糖、淀粉、蒜末、料酒、盐、食用油

攻占味蕾的终极大招
话梅排骨

我是生性贤良，不代表不会发飙。主持美食节目，不代表只会"嘴巴做菜"。别！逼！我！哼！要攻占味蕾，除了黑毛猪肋排，还要使出终极大招——广式话梅烧排骨。呵呵，秘诀告诉你啦，谁让我人好呢。

做法 /Steps

1. 肋排斩成小段，洗净。

2. 水烧开，放入姜片、葱白，肋排焯水后洗净。

3. 用高压锅，水烧开加葱姜、肋排、料酒，高压 5 分钟，然后自然解压。

4. 肋排和汤汁一起倒入锅子，放入去核的话梅肉、糖、老抽、两倍于老抽的生抽，待汤汁浓稠后转小火。

5. 加入两调羹香醋，撒上葱花和芝麻即可出锅装盘。

臻臻这样说：

1. 用高压锅是为了缩短食物熟成时间。如果没有高压锅，可用汤锅，水烧开，放入姜葱、肋排，大火烧开后，中火煨40分钟。

2. 无论是清洗还是烧煮排骨，都全程用热水这样能锁住排骨里面的蛋白质不流失，保持鲜嫩口感。

3. 用话梅的味道来提升排骨的甜酸，自然清新又好吃。

 材料 /Materials

- 食材: 肋排、广式话梅、芝麻
- 调料: 葱、姜、糖、料酒、老抽、生抽、醋

菜有多穿越，就有多勾引

⚔ 腊排骨煲 ⚔

收到好友从重庆寄来的礼物。虽然腊肉并不经常纳入我的食谱中，但打开包装闻到浓郁的烟熏香气，着实把我勾引住啦。于是通过阿波远程传授制作秘诀：不能生食，不用放盐，冷水浸泡一小时，再结合自己的随意发挥。这道融合四川腊肉和上海食材的"腊排骨煲"就香喷喷地出炉啦。

做法 /Steps

1. 腊排骨剁成块，放冷水中浸泡一小时后焯水，把表面油污取出。

2. 洗净腊排骨，放入锅内，加入料酒、姜片和大量的水，炖一小时左右。

3. 娃娃菜切片，扁尖笋泡水去咸味。

4. 依次放入老豆腐、扁尖笋和娃娃菜，炖半小时左右。

5. 粉丝泡软，临出锅前放入锅内，烧开即可。

臻臻这样说：

1. 扁尖笋需要事先浸泡，去除咸味。

2. 粉丝不宜久煮，不然烂了影响口感。

材料 /Materials

- 食材：腊排骨、娃娃菜、粉丝、老豆腐、扁尖笋
- 调料：料酒、姜片

看小厨娘的化骨绵掌，北方菜也不在话下

❈酱肘花❈

我那一半的北方血统总是提醒着我，在那多慷慨悲歌之士的燕赵之地，有我可爱的故乡。那座爷爷家生活了几百年的宅院，还依然静静地矗立在那里，仿佛在向我诉说着这个家族的如梦往事。爸，在你还是小少爷时尝过的"酱肘花"，今天我做给你吃！让我们在美味中继续传承爱和荣耀。

做法 /Steps

1. 猪肘放在水中汆烫，除去血污。

2. 锅内加水，放入姜片、葱段、八角、冰糖、花椒、干辣椒、蒜头、香菜根、酱油、料酒，和猪脚一起炖煮到酥烂，约需一个半小时。

3. 猪肘取出放凉，用小刀把骨头剔除。把肉的表面稍微修平整。

4. 把猪肘卷起来，用纱布和棉线包裹好，放入冰箱冷藏两小时。

5. 取出切片，撒上香菜。

臻臻这样说：

1. 猪肘也可放入高压锅内烹煮，加快酥烂时间。

2. 拆骨后的猪肘可用小刀把表面修平整，方便包裹。

3. 纱布一定要卷紧，最后成形才漂亮。

4. 蘸料可以放微波炉加热一分钟，增加蒜末的香气。

材料 /Materials

- 食材: 猪前肘、香菜
- 调料: 姜片、葱段、八角、冰糖、花椒、干辣椒、蒜头、酱油、料酒

- 蘸料: 一份醋，两份酱油，两份卤汁，一点辣油，一点香菜末、蒜末，搅拌均匀

阳台是最好的香料工厂
迷迭香羊排

　　早上去花鸟市场购置了几盆香草装点阳台，看着薄荷、罗勒、香茅蓬勃生长，本宫心中甚是欢喜啊。剪了几束迷迭香直接入菜，取的就是田头到餐桌的清新自然。选用带骨羊鞍排，鲜嫩不带膻味，烤的时候满屋子飘香。最抢戏的是土豆，浸润了羊油，那叫一个赞！

做法 /Steps

1. 羊排洗净，放红酒、盐、黑胡椒、迷迭香（新鲜和干货都可以）腌渍 3 小时。

2. 土豆放锅内煮熟。

3. 洋葱和红椒切块，放锅内煸炒出香味。

4. 烤箱预热，上层放置羊排，下层放土豆、洋葱、红椒和迷迭香。

5. 200℃上下火烤 20 分钟，翻面再烤 10 分钟即可。

臻臻这样说：

1. 我选用的是带骨羊鞍，质地细嫩，没有膻味。

2. 如果没有迷迭香，可用孜然粉代替。

3. 土豆尽量放在羊排正下方，这样烧烤时羊油会滴到土豆上，特别香。

材料 /Materials

- 食材：羊排、土豆、洋葱、红椒
- 调料：红酒、盐、黑胡椒、迷迭香

美味二合一，口味再升级

❧ 梨汁烤牛肉 ❧

下雨天，留人天。除了在家琢磨点吃的喝的，实在没别的消遣可去。梨子润肺止咳，吃了韩国烤肉后用它来解腻去燥最好。我干脆就来个二合一，梨汁烤牛肉，再搭配生菜包着吃，味道好自然是没有悬念的。

 做法 /Steps

1. 把牛肉切成 0.5 厘米厚的片。

2. 把生梨榨成汁。

3. 用梨汁、生抽、老抽、料酒、蜂蜜、葱花、蒜末、麻油腌渍冷藏一夜。

4. 隔天取出，放入烤箱 200℃烤 10 分钟，翻面再烤 5 分钟。

5. 撒上芝麻，包上生菜食用。

臻臻这样说：

1. 选用汁水较多的梨子品种，口味更佳。

2. 老抽的比例可适当少一些，不然颜色太深，影响美观。

3. 如果家里没有烤箱，也能放入锅内烧制。

材料 /Materials

- 食材: 牛肉片、生梨、生菜、芝麻

- 调料: 生抽、老抽、料酒、蜂蜜、葱花、蒜末、麻油

会"哄"的男人我最爱

✳ 红酒烩牛脸 ✳

最近灵光闪现买了一袋牛脸肉，这种食材绝对是复杂口感的混合体，炖得无比酥软，但吃起来还很有嚼劲。厚厚的肉块浸润浓浓的酱汁，就像在品味一个"皮糙肉厚但内心柔软的斗牛士"。尤其是那一点点的膻气味道，更是吊足了我的胃口。

做法 /Steps

1. 牛脸肉洗净切块。

2. 芹菜、胡萝卜、洋葱切块，放盐和黑胡椒，倒入整瓶葡萄酒。

3. 把牛脸肉浸没在红酒中，然后放入冰箱腌渍一整晚。

4. 锅内放油，把牛脸肉四面略煎后盛出。

5. 炒香胡萝卜、洋葱和芹菜，倒入腌料的红酒汁，小火炖到肉质酥烂为止，约需 3 小时。

臻臻这样说：

1. 如果嫌牛脸肉腥味重，可以在烹制之前将肉质浸泡于红酒之中 2 小时甚至是更长的时间。

2. 也可用牛腩等部位代替牛脸肉。

3. 浸泡过的蔬菜请先捞出，放入锅内煸炒出香气。

材料 /Materials

- 食材: 牛脸肉、芹菜、胡萝卜、洋葱
- 调料: 盐、胡椒、葡萄酒、食用油

做菜化妆两不误

❊ 懒人卤牛肉 ❊

如果你和我一样是个懒人，希望用最简单的调料、最方便的做法，还不想饱受油烟之苦来做菜，那这道"卤牛肉"绝对适合你。所有配料弄齐备一并丢入锅内，接下来就可以全然放手，安心去给自己的脸上"敷老粉"啦。只要不心急，时间自会给出满意的答卷。明早起来把自己的造型先拗好，牛肉也差不多好了，摆个盘，午饭正好开吃。

 做法 /Steps

1. 牛腱洗净，焯水后放入炖锅内。

2. 倒入水、料酒、酱油、花椒、茴香、桂皮、姜片，淹没牛肉。

3. 大火烧开，小火卤两小时后关火。

4. 牛肉连着卤汁一起放入冰箱静置一晚。

5. 隔天取出加热后，捞出牛肉切片装盘。

6. 酱汁内放冰糖或白砂糖，根据个人的口味来进行调味。

7. 最后撒上香菜，把酱汁淋在牛肉上，或者另装一个小碟蘸食。

臻臻这样说：

建议选用金钱腱，就是牛前腱，肉里包筋、筋内有肉，肉质爽口甘香，是牛大腿肌腱上的一条更为纤细的肌腱，因为里面的筋络比较多，所以卤完之后依然弹性十足，不会太过酥烂。

🧑‍🍳 **材料** /Materials

- 食材: 牛腱、香菜
- 调料: 姜、酱油、料酒、花椒、茴香、桂皮、糖

Kelvin Wang（王鹤峰）

Fa Café 行政副总厨。

❊❊ XO 酱炒带子配芦笋 ❊❊

材料 /Materials

- 食材: 鲜带子 10 只, 芦笋 50 克, 红黄圆椒 30 克, 洋葱 20 克
- 调料: 生抽 5 克, 料酒 5 克, 大蒜 5 克, 香葱 5 克, 生粉 3 克, XO 酱 15 克, 橄榄油 10 克, 盐、胡椒适量

做法 /Steps

1. 将芦笋刨皮, 切成段, 洋葱、红黄圆椒、大蒜切成丁, 备用。

2. 将鲜带子洗净, 加入生抽、料酒、盐、胡椒, 腌渍 30 分钟。

3. 把生粉加水兑成水淀粉, 备用。

4. 将炒锅烧热, 加入橄榄油, 放入鲜带子, 使其两面上色后, 取出。

5. 直接在锅中加入切好的大蒜、洋葱、红黄圆椒、芦笋, 用 XO 酱煸炒至半熟后, 加入鲜带子、香葱, 最后用水淀粉勾芡即可。

TIPS

在煎鲜带子的时候, 煎至五成熟, 然后再和 XO 酱一起炒即可。

具体制作过程, 可扫描二维码, 观看由上海艺昕文化传播有限公司拍摄并剪辑呈现的精彩视频。拍摄场地: 菲仕乐美食教室。

TIPS

牛排也可先放入少量橄榄油腌渍,煎牛排的时候,锅里就不用再放油了。这里选用菲仕乐不粘锅来煎牛排,因为它使用又坚固又温和的涂层——PTFE,不会对健康造成任何损害,而且能完全锁住美味。吃完了,清洗也同样简单,只要少量水,用厨纸轻轻一擦,就已经干干净净了。

香煎小牛排配地中海风味酱及蔬菜

 材料 /Materials

- 食材: 牛排160克,洋葱5克,胡萝卜10克,西芹5克,
  豌豆15克,土豆1个
- 调料: 大蒜5克,红酒10克,番茄酱10克,橄榄油5克,
  百里香5克,盐、胡椒少许

做法 /Steps

1. 将大蒜切末,洋葱、胡萝卜、西芹、土豆切片,备用。

2. 把汤锅烧热,加入橄榄油,放入大蒜末、洋葱、胡萝卜、
   西芹、红酒、番茄酱、碎牛肉炒熟,待所有水分炒干后,
   加水,开大火烧开后,调小火烧30分钟,然后过滤,备用。

3. 将橄榄油倒入不粘锅内,烧热后放入牛排、土豆片,撒
   上盐、胡椒,淋入红酒;牛排翻面,放入百里香,继续
   煎5分钟后,取出装盘。

4. 将豌豆放入烧沸的水中煮1分钟,取出后,浇上牛肉汁,
   放于牛排四周即可。

赵复铭

资深媒体人，资深掌勺人。

❋ 白菜炒鲜鱿 ❋

🥄 做法 /Steps

1. 新鲜鱿鱼去皮洗净，鱿鱼身筒用 45 度斜刀和直刀切成麦穗花纹；白菜帮抹刀切成大麻将牌块；葱切段，姜、蒜切片，切几块青红椒麻将块。

2. 新鲜鱿鱼麦穗花块放入容器，加入料酒，挤入柠檬汁拌匀，用水冲净沥干；白菜块用少许盐腌渍 10 分钟后用水冲净沥干。

3. 锅加水、葱姜、料酒，烧开，放入鱿鱼块；鱿鱼变白起卷，立即捞出过凉水。

4. 调碗汁，各 1 汤匙沙司、蚝油、生抽、米醋、淀粉，2 汤匙白糖、鸡精，调匀。

5. 锅烧热，加 2 汤匙油葱姜蒜爆香，放入 1 汤匙剁椒酱煸香后放入黑木耳、青红椒翻炒几下，放入鱿鱼卷大火爆炒，碗汁调匀倒入，翻炒均匀即可出锅装盘。

TIPS

1. 切鱿鱼时必须用 45 度斜刀和直刀才能切成麦穗花纹。

2. 烫鱿鱼时，水温在 100℃时，鱿鱼成卷就捞出过凉水，烫的时间不能太长，否则会老。

👨‍🍳 材料 /Materials

- 食材: 新鲜鱿鱼 2 只，白菜帮 2 片，黑木耳 4~5 朵，青红椒 2~3 个
- 调料: 剁椒酱 1 汤匙，番茄沙司 1 汤匙，蚝油 1 汤匙，生抽 1 汤匙，米醋 1 汤匙，淀粉 1 汤匙，白糖 2 汤匙，鸡精 2 汤匙，蒜 3 瓣，柠檬 1 只，料酒、葱、姜、油、盐各适量

具体制作过程，可扫描二维码，观看由上海艺昕文化传播有限公司拍摄并剪辑呈现的精彩视频。拍摄场地: 菲仕乐美食教室。

TIPS

1. 野荠菜腌渍后可以去除苦味，增加鲜味。

2. 冬笋必须要先用盐水煮，否则笋的味道会涩口。

3. 用五花肉做肉丝，因为有油脂，肉会比较润，也比较香。

✖ 荠菜冬笋炒肉丝 ✖

材料 /Materials

- 食材: 大棵的野荠菜 300 克, 冬笋半个, 五花肉 150 克, 红椒半个
- 调料: 剁椒酱 1 汤匙, 番茄沙司 1 汤匙, 蚝油 1 汤匙, 生抽 1 汤匙, 米醋 1 汤匙, 淀粉 1 汤匙, 白糖 2 汤匙, 鸡精 2 汤匙, 蒜 3 瓣, 柠檬 1 只, 料酒、葱、姜、油、盐各适量

做法 /Steps

1. 将洗净的野荠菜用盐腌 2 小时, 用水冲净捏干, 切成寸段; 葱切段, 姜切丝, 红椒切丝。

2. 锅加水、盐, 烧开, 将半个冬笋煮 10 分钟后捞出过凉水, 切成火柴梗丝。

3. 五花肉去皮, 切丝放入碗中, 加入料酒、盐、少许水淀粉、鸡精揉上劲, 加入 1 汤匙油拌匀。

4. 锅烧热, 加 2 汤匙油, 放入葱姜爆香, 放入肉丝煸炒, 肉丝颜色转白即盛出。

5. 锅烧热, 加 1 汤匙油, 放入冬笋丝略翻炒; 加入少许水, 放入野荠菜段翻炒 1 分钟, 加入少许糖提鲜; 放入肉丝大火翻炒 1 分钟, 放入红椒丝炒匀, 淋入少许香油, 即可出锅装盘。

三杯透抽

白蟹粉丝煲

面拖梭子蟹

九层塔凤梨虾仁

酒酿烧汁大虾

腐衣黄鱼卷

香酥烤鱼排

盐烤青花鱼

冬菜蒸鳕鱼

咀咀鱼头煲

芝士焗扇贝

香酥河鲫鱼

猴头菇蒸麻花带鱼

黑胡椒鲍菇卷

煎扒海鲈鱼

金枪鱼塔塔配牛油果酱

江河海鲜味

在沿海地带放逐我的爱

三杯透抽

算命先生说我不适宜在海边生活，几次去海边游泳也是状况频出，差点小命不保，但不妨碍我发自内心地喜欢阳光下的黝黑肤色、沙滩上的六块腹肌、海水里的美味生物。那种淡淡的腥味是大海独特的香型，让我心旷神怡。于是，在日渐寒冷的上海，放逐一把我对海鲜的热爱。

做法 /Steps

1. 将透抽外面的筋膜剥去，去掉内脏，洗净。

2. 水烧开，把切成段的透抽放入沸水中汆烫，捞出沥干，放凉。

3. 蒜头略拍，姜切片，辣椒切段，九层塔洗净。

4. 锅内放油，爆香姜蒜辣椒。

5. 放入透抽后，倒入米酒、酱油、糖。

6. 等汤汁收稠，撒入九层塔，淋少许麻油，略微翻炒后出锅。

臻臻这样说：

1. 海里的软体动物可谓家族庞大，有鱿鱼、章鱼、乌贼、锁管等等。这次选用的是锁管类的透抽，外形像根管子，洄游于膨湖列岛外海。当然，你也可以用鱿鱼来代替。

2. 所谓三杯即麻油、米酒、酱油各一杯。不过，大家也可根据自己的口味来适当加减。

3. 在台菜运用中，一开始是用黑麻油来煸香姜片的，但黑麻油在大陆的市场上并不多见，可用一般色拉油爆香，最后再淋麻油提味。

材料 /Materials

- 食材: 透抽、九层塔
- 调料: 蒜头、姜、小辣椒、酱油、麻油、米酒、糖、食用油

好吃就要不牺牲

白蟹粉丝煲

大闸蟹尚幼，梭子蟹正肥。"白蟹粉丝煲"经常被端上餐桌。看似简单，但要想让粉丝入味，就必须牺牲白蟹，笃到肉壳分离，鲜味才可能进到粉丝里；而想要尝到鲜嫩水灵的白蟹，就一定不能久煮，这时粉丝却是白塌塌、淡刮刮的，一点都不好吃。这对矛盾一直困扰着我，直到昨天经由高人一点拨……

做法 /Steps

1. 白蟹剥掉蟹盖，去除杂质，洗净后对半切。

2. 粉丝放入冷水中泡软。

3. 白蟹的横切面放在干淀粉里蘸一下。

4. 煸香葱姜，把白蟹放入油锅中煎到封口。

5. 倒入料酒和较多的水，把白蟹煮熟后捞出。

6. 转小火，把泡软的粉丝放入蟹汤中，不断地搅拌，使其浸饱汤汁后捞起。

7. 取一个煲，白蟹铺底，粉丝撒在上面，用大火烧开即可。

臻臻这样说：

1. 粉丝建议用冷水泡软，因为热水会导致粉丝外面软了，里面却还有点硬。

2. 烧白蟹时尽量多放点水，不然汤汁都被粉丝吸掉了。

3. 最后开大火烧开时，建议把粉丝放在上面,不然容易粘底。

 材料 /Materials

- 食材: 梭子蟹、粉丝
- 调料: 葱、姜、干淀粉、料酒、食用油

蟹蟹你的耳朵

✄ 面拖梭子蟹 ✄

我是多么幸运，主持《今天吃什么》节目三年来，接触了那么多的美食高手，不学几招怎么对得起自己！认识了那么多爱好美食的听众，不认真做菜怎么对得起你们！

 做法 /Steps

1. 蟹洗净切块，蘸面粉放锅内煎定型。

2. 锅内炒香姜末葱白，放入蟹、黄酒、开水滚开。

3. 放入煸炒后的毛豆，加盐、糖调味，倒入面粉糊，加盖焖烧熟。

4. 起锅前淋点麻油即可。

 **材料** /Materials

- 食材: 梭子蟹、毛豆、面粉
- 调料: 葱、姜、黄酒、盐、糖、麻油、食用油

"泰"温柔是种功力

❧ 九层塔凤梨虾仁 ❧

近日的上海带着"一秒入冬"的节奏，秋天像女人的青春一样短暂，要么热昏，要么冻死，没有衔接过渡，跟女孩子脾气一样捉摸不透的上海，弄得我有点不适应。那就请在美食中寻找温柔乡吧。这道"凤梨虾仁"选用泰国大虾仁，搭配菲律宾无冠金菠萝，热带风情顿时洋溢开来。

做法 /Steps

1. 虾仁挑去虾线，洗净沥干，放生粉、白胡椒粉、料酒、盐，腌渍半小时，最好放入冰箱冷藏。

2. 凤梨洗净，一半切片浸盐水，一半放入料理机搅打成糊状。

3. 锅内放油，放入虾仁滑炒，熟后捞起。

4. 放入凤梨片、凤梨汁，根据自己的口味调味后，再放入虾仁、番茄丁或红椒丁。

5. 最后撒入九层塔搅拌即可。

臻臻这样说：

1. 九层塔就类似上海人常用的香菜之类的，是最后调味用的，所以不要太早放下锅。如果你不习惯这样的味道，可以选择不放。

2. 腌制虾仁，生粉不宜太多，不然吃起来粉粉的，影响口感。

3. 可以用基围虾来代替，请保留虾尾的壳，这样更美观。

材料 /Materials

- 食材：菲律宾无冠金凤梨、泰国大虾仁、红椒或番茄、九层塔

- 调料：生粉、白胡椒粉、料酒、盐、食用油

纪念日的绝对讨好利器

❈ 酒酿烧汁大虾 ❈

爱的表达方式有很多种，把它融入菜中绝对受人欢迎。台词都帮你想好了："我亲手来烹制这道菜肴，证明我的生活能力。爱心的形状代表着我对你永远不变的真心；小酸小甜小辣的口感象征着我们的感情将更加有滋有味。"接下来会发生的事情嘛，此处省略两千字……

做法 /Steps

1. 对虾剪去须脚，背部剪开挑去筋，用盐略腌。

2. 姜、蒜、彩椒切末。

3. 虾放入锅内煎到肉质发白捞起。

4. 炒香蒜末、姜末、彩椒末，煸炒番茄酱、郫县豆瓣酱。

5. 倒入酒酿、糖、盐，调到辣不能盖过酸、酸不能盖过甜的程度。

6. 最后放入对虾烧熟即可。

材料 /Materials

- 食材: 对虾、彩椒
- 调料: 盐、糖、姜、蒜、郫县豆瓣酱、番茄酱、酒酿、食用油

难怪那么贵，功夫不一般

❖ 腐衣黄鱼卷 ❖

做《今天吃什么》节目的主持人，定力一定要够好才行，不然每天都会馋得口水流了一台子。但我也有实在屏不住的时候，于是就有了这道菜的诞生。我扮演起外科大夫的角色，在厨房里给小黄鱼动起了手术。难怪这道菜在餐厅要卖那么贵，实在是吃功夫啊！最后把鱼骨炸透放水笃白，烧了碗黄鱼面，完美的一餐。

做法 /Steps

1. 把小黄鱼洗净，擦干水分，用刀贴着骨头，把两边的鱼肉片下来。

2. 用葱姜水、料酒、盐浸泡鱼肉 20 分钟。

3. 豆腐衣切成长方形。

4. 把鱼肉擦干后裹入豆腐衣中。

5. 放入油锅，炸至金黄。

臻臻这样说：

1. 腐衣卷可以用蛋清来封口。

2. 油温不宜过高，不然容易把腐衣炸焦。

3. 可以复炸一遍，让腐衣更脆。

4. 建议撒椒盐，或配番茄酱、甜辣酱蘸食。

5. 剔下的鱼骨炸透后放水，大火笃白，可作黄鱼面汤头哦。

材料 /Materials

- 食材: 小黄鱼、豆腐衣
- 调料: 葱、姜、料酒、盐、食用油

炸猪排失散多年的好姐妹

香酥烤鱼排

在海派西餐里，自然有一道大牌料理——炸猪排。放油锅里炸得金黄酥脆的猪排，配上黄牌辣酱油，咬上一口，顿时感觉回到了天鹅阁、红房子、德大等西餐社风行的老上海年代。炸猪排的绝对大姐大地位，是任何一种平民美食无法替代的。不过，小清新盛产多年的今天，自有一款美食能与其比肩共赏。香酥烤鱼排，选用海鱼，绝对低脂；不用油炸，没有黏腻。既有爽脆口感，又对身体零负担，美味健康两不误。

做法 /Steps

1. 罗非鱼自然解冻后，用盐、黑胡椒粉、料酒腌渍30分钟。

2. 用鸡蛋、百里香、葱姜汁搅拌均匀，把鱼排放入，充分地裹上蛋液。

3. 在鱼排表面撒上面包糠，并压实，确保面包糠不会脱落下来。

4. 最后在锡纸和鱼排上分别淋些橄榄油，放入烤箱上下火200℃烤制20分钟即可。

臻臻这样说：

1. 任何没有骨头的鱼都可以用来制作鱼排，如鳕鱼、鲑鱼、龙利鱼等。

2. 罗非鱼没有油脂，烤制前一定要淋些橄榄油，以防烤完太干影响口感。

3. 如果没有烤箱，同样可以放入平底锅煎鱼排，不过油要稍微多放一点哦，因为面包糠十分吸油。

材料 /Materials

- 食材: 罗非鱼、鸡蛋、百里香
- 调料: 盐、黑胡椒粉、料酒、葱、姜、橄榄油、面包糠

泼墨山水，香气四溢
色白花青，跃于碗底

❧盐烤青花鱼❧

秋风送爽，迎来青花鱼的最佳赏味时节。那清亮的肤色和清晰的纹路，让人不禁会将之与生在南方的小家碧玉联系在一起。于是，买了产自澎湖湾的青花鱼。它有着如泼墨山水般漂亮的肌肤，只用简单的海盐调味后进行烘烤，立刻香气四溢，赏味时你一定会脸带笑意。

 做法 /Steps

1. 青花鱼洗净后，片成鱼片，用海盐撒在鱼身上，腌渍20分钟。
2. 放入烤箱，上下火180℃烤15分钟，翻面再烤5分钟。
3. 制作蘸料：白萝卜擦成泥，放入碟中，加寿司酱油调匀即可。

臻臻这样说：

1. 烘烤时间视青花鱼的厚薄而定。只要表面的油质烤出来了，就差不多熟了。
2. 腌渍时洒点米酒，或者吃时切点柠檬淋在鱼身上，都有去腥的效果。

材料 /Materials

- 食材：青花鱼、白萝卜
- 调料：酱油、盐、柠檬、米酒

奶油鱼的中国式桑拿
❋ 冬菜蒸鳕鱼 ❋

我是个超懒的人，吃鱼都不爱吐骨头，所以鳕鱼一直是我的心头好，它肉质厚实，吃起来有股奶油味。这次买了阿拉斯加黑鳕鱼，它常年畅游在冰冷的深海中，拥有丰富的脂肪，使其美味可口，肉质极佳，因烹饪后拥有浓香的奶油味而被称为"奶油鱼"。因为家人对西式做法不太买单，所以拿出朋友送我的冬菜，采用传统的方法做了这道菜，味道居然出奇的好。

 做法 /Steps

1. 鳕鱼洗净切片，用白葡萄酒、黑胡椒、盐略腌。

2. 把鳕鱼放入盘中，铺上冬菜、姜片、葱白，洒上白葡萄酒。水烧开后放入蒸锅，蒸 8 分钟。

3. 蒸熟后把鳕鱼取出放到另一个盘子中，把表面清澈的汤汁，加蒸鱼豉油，淋在鱼身上，最后铺上红椒圈和葱丝即可。

臻臻这样说：

冬菜为四川特色咸菜，以叶用芥菜为原料。如果没有的话，可用咸菜代替。

 材料 /Materials

- 食材: 鳕鱼、冬菜、红椒
- 调料: 葱、姜、白葡萄酒、黑胡椒、盐

蒜头加鱼头，让美味上心头

❖ 咀咀鱼头煲 ❖

家庭烹饪，三文鱼刺身或许有些奢侈，不舍得常吃，而且对新鲜度的要求极高，生怕花了冤枉钱。但三文鱼头却是便宜又好吃的食材，20元一个，还买一送一。拿回家大卸八块，做一份鱼头煲，量大实在，且美味可口，实在是居家过日子之必备良品。

 做法 /Steps

1. 三文鱼头洗净后切块，放入蚝油、料酒拌匀，腌渍30分钟。

2. 在三文鱼两面拍上薄薄的一层生粉。

3. 锅内放油，放入三文鱼，两面略煎后盛出。

4. 煸香大蒜头和京葱。

5. 倒入三文鱼，倒入两大勺 XO 酱，加少许水，盖上锅盖焖烧。

6. 最后移至砂锅内，加热后再撒些京葱点缀即可。

臻臻这样说：

1. 三文鱼头两面拍粉略煎，可以使肉不容易散乱，不过在翻炒时还是要尽量小心。

2. 也可以改用花鲢鱼头等肉质厚实的鱼头。

3. 不用 XO 酱的话，海鲜酱、豆瓣酱等味道浓郁的酱料都可以选用。

4. 大蒜头不需要拍碎，整颗剥皮即可。尽量多放一些，去腥增香全靠它。

材料 /Materials

- 食材：三文鱼头、京葱
- 调料：大蒜头、蚝油、料酒、生粉、XO 酱、食用油

料理谷上的手工劳动

⫸ 芝士焗扇贝 ⫷

昨晚去一家意式餐厅吃饭，临走厚脸皮地问厨房讨了欧芹和奶油，回家做"芝士焗扇贝"。综合大厨的建议，摸索出了家庭版本，"臻丝"们学起来！

 做法 /Steps

1. 蒜、洋葱、欧芹切末。

2. 扇贝挖出洗净擦干，两面煎黄后填回壳内。

3. 蒜、洋葱、欧芹焗香后，倒入奶油、盐、胡椒制成酱汁。

4. 把酱汁淋在扇贝上。

5. 撒上芝士，放入预热的烤箱200℃烤5分钟即可。

 材料 /Materials

- 食材: 扇贝、欧芹、洋葱、蒜末
- 调料: 芝士、奶油、盐、胡椒

范志宏

饭小馆餐厅总厨。

❈ 香酥河鲫鱼 ❈

 材料 /Materials

- 食材: 河鲫鱼、去皮五花肉
- 调料: 肉葱、蒜头、生抽、老抽、黄酒、糖、
  盐、食用油、香油

 做法 /Steps

1. 鲫鱼刮鳞去内脏，改刀成块状洗净备用；五花肉切厚片备用；肉葱切段，蒜头拍碎。

2. 下油烧至六成热时，按鱼块的大小逐一放入油中炸制。待表面变硬时拿出，再炸厚切五花肉。

3. 捞出食物，将油温升至七成，爆葱段及蒜头，爆香后捞出待用。

4. 留底油，下少许姜片，淋黄酒，加足够量的水，以及老抽、生抽、糖、盐，放入五花肉，烧至半浓稠，入鲫鱼和炸制的葱、蒜，收汁出锅入香油即可。

具体制作过程，可扫描二维码，观看由上海艺昕文化传播有限公司拍摄并剪辑呈现的精彩视频。拍摄场地: 方太顶级厨电馆。

TIPS

这道菜选用的"通惠牌"猴头菇，产自东北大兴安岭，无农药污染，无重金属超标，品质优异，质量保证，堪称猴头菇中的精品。另有"通惠牌"猴头菇超细粉，同样选自东北优质猴头菇，无农药污染，无重金属及微生物超标，采用先进的超微研磨工艺精细加工而成，入水即溶，口感较好，不仅方便日常冲服，更有利于人体的吸收，是养生保健的理想选择。

猴头菇蒸麻花带鱼

 材料 /Materials

- 食材: 三指宽带鱼1条, 猴头菇1大朵, 娃娃菜1小棵
- 调料: 葱、蒜泥、生抽、糖、鸡粉、盐、食用油各适量

 做法 /Steps

1. 带鱼去骨取肉，切成长10厘米、宽1厘米的条，用生抽、蒜泥、糖、鸡粉腌渍半小时（蒜泥必须用油炒制变熟，加生抽、糖调味）；猴头菇用冷水泡软，用开水沸煮10分钟，入肉汤，加盐、鸡粉，煲煮1小时，捞出待用；娃娃菜也需沸水煮透，入肉汤煨制入味。

2. 将带鱼编织成麻花状整齐摆好，猴头菇、娃娃菜摆其左右，入蒸箱蒸15分钟。

3. 取出淋生抽汁（生抽、糖、鸡粉、纯水），撒葱花、爆热油即可。

喻小 2
生活美食家，本味生活馆掌门人。

☒ 黑胡椒鲍菇卷 ☒

材料 /Materials

- 食材: 杏鲍菇 2 个, 薄荷少许
- 调料: 黑胡椒、海盐、橄榄油各适量

做法 /Steps

1. 杏鲍菇用刨子刨成片, 烧水煮一下捞起, 每片分别卷起来。

2. 将杏鲍菇卷用橄榄油低温两面煎成微焦后捞起, 撒上海盐、黑胡椒碎。

3. 用薄荷点缀即可。

具体制作过程, 可扫描二维码, 观看由上海艺昕文化传播有限公司拍摄并剪辑呈现的精彩视频。拍摄场地: 菲仕乐美食教室。

煎扒海鲈鱼

材料 /Materials

- 食材: 海鲈鱼 1 条, 柠檬 1 只
- 调料: 头抽 1 小勺, 海盐、橄榄油各适量

做法 /Steps

1. 海鲈鱼洗净, 骨肉分开, 鱼肉改刀切段, 用海盐腌渍一小时。

2. 洗去表面咸味, 厨房纸吸干水分, 橄榄油两面煎黄。

3. 头抽用小锅煮开, 加入新鲜柠檬, 淋在煎好的鱼上即可。

料理小熊

MACASA The kitchen 店主兼主厨，国际烹饪比赛金奖获得者。

金枪鱼塔塔配牛油果酱

材料 /Materials

- 食材: 新鲜金枪鱼肉 60 克, 芝麻 5 克, 新鲜牛油果半只, 菠萝 30 克, 蒿子杆 40 克, 薄脆片 1 片, 圆椒 1 个, 香菜少许
- 调料: 柠檬橄榄油 25 克, 葱花 2 克, 盐、黑胡椒、南瓜籽油、苹果醋、蜂蜜各适量

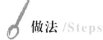
做法 /Steps

1. 将蒿子杆洗干净放在容器里。

2. 金枪鱼放在搅拌碗里, 加入柠檬橄榄油、葱花、盐和胡椒调味, 放置在蒿子杆上面。

3. 将南瓜籽油、苹果醋、蜂蜜按照 3:1:1 的比例混合在一起, 淋在金枪鱼和蒿子杆上。

4. 将牛油果捣碎加入香菜、圆椒做成果泥, 作为点缀。

5. 菠萝去皮切块, 加入姜丝和绵白糖, 慢煮 1 小时; 取出冷却后拌入色拉。

6. 最后搭配薄脆片, 简单装饰即可。

具体制作过程, 可扫描二维码, 观看由上海艺昕文化传播有限公司拍摄并剪辑呈现的精彩视频。拍摄场地: 方太顶级厨电馆。

鸡鸭比翼飞

金秋劲吹中国风

❈ 枸杞花雕鸡卷 ❈

最近想暂别我的啤酒、红酒、白酒兄弟们，温上一壶暖热的黄酒，配着葡黄蟹肥，恰是应景。昨晚佐蟹的黄酒，喝剩下一点，今天灵机一动，用它来弄个"枸杞花雕鸡卷"，别天天羊排、牛排的，吃多了都不会说中国话啦。选用优质鸡大腿肉，让这个金秋劲吹中国风。

 做法 /Steps

1. 鸡腿拆掉骨头，用刀背拍松，撒盐腌渍 10 分钟。

2. 姜切片，葱切段，八角、枸杞洗净，放入锅内加水烧开，制成卤料。

3. 将鸡腿卷起，包入铝箔纸，放在锅内大火蒸 20 分钟后取出，打开铝箔纸，让鸡卷凉透。

4. 一边待卤料凉透，倒入适量的糟卤和花雕，浸入凉透的鸡卷，放冰箱中冷藏一晚，隔天即可取出切片食用。

臻臻这样说：

1. 鸡骨头不要扔掉，可吊汤头用。

2. 花雕和糟卤的比例可按个人喜好而定。

3. 鸡卷蒸出的原汁可一并倒入卤料中。

材料 /Materials

- 食材：鸡腿、枸杞
- 调料：葱、姜、花雕、糟卤、八角

南乳麻油炆鸡翼

＊ ＊料是我的旅游纪念品

从香港回来行李超重，就是为了带各种调料，害我多花了400大洋。我把坛坛罐罐裹在柔软的衣服里，一路上生怕哪个瓶破了殃及一箱行头，于是，回到家我就决定狠狠地把它们吃掉。这道在香港偷师的菜，各位马克下。

做法 /Steps

1. 彩椒切成小丁备用。

2. 鸡翅洗净后，两面煎黄。

3. 入料酒、南乳汁、糖，焖煮至鸡翅熟透，放入彩椒开大火收汁。

4. 最后淋少许麻油就OK啦。

臻臻这样说：

1. 可以改用黑麻油来煸香鸡翅，味道更香醇浓郁。

2. 在入锅前，可用叉子在鸡翅上扎些洞，更容易入味。

材料 /Materials

- 食材：鸡翅、彩椒
- 调料：南乳汁、麻油、料酒、糖、食用油

卖呆萌的小烤鸡

❖ 蜂蜜柠檬烤鸡 ❖

在我不需要卖就很萌的岁数里，最爱让大人给我朗读《卖火柴的小女孩》，每次读到"桌上铺着雪白的台布，摆着精致的盘子和碗，肚子里填满了苹果和梅子的烤鹅正冒着香气"，我眼中都闪烁着绿光，嘴里都荡漾着口水。我在心里暗暗励志，长大了一定要烤个全的！于是，当长大成为一个热爱厨房的有为青年后，我便用烤全鸡开启了新烤箱的处女烤。

 做法 /Steps

1. 蜂蜜、生抽、料酒各 3 勺，老抽、鲜贝露、蚝油各 1 勺，盐、胡椒适量，把所有调料混合在一起，制成腌料。

2. 把鸡放入腌料中，按摩片刻后，一起倒入密封袋中，放入冰箱冷藏 24 小时。

3. 24 小时后取出鸡，在肚子里塞入柠檬、香葱、姜片，也可以撒点百里香。

4. 用牙签把鸡肚子封口，用棉绳固定鸡腿和鸡翅，最后用烤插穿起整鸡固定住。

5. 刷上蜂蜜，在室温下自然吹干，约 15 分钟。

6. 放入烤箱中，开启转叉功能，调到上下火 180℃，烤 60 分钟即成。其间每隔 20 分钟，打开烤箱门，给鸡刷上蜂蜜和酱料。

材料 /Materials

- 食材: 整鸡 1 只
- 调料: 姜、葱、柠檬、蜂蜜、老抽、生抽、蚝油、鲜贝露、料酒、盐、胡椒粉

一切不能拌饭吃的菜都是耍流氓

❥台式三杯鸡❥

这一道"台式三杯鸡"一定要用鸡腿肉，跟蒜头、九层塔勾搭后产生的香气，严重勾引着我的味蕾。用酱油卤出来的汁水拌米饭，绝对三碗不过山冈。赞！

做法 /Steps

1. 鸡腿肉去骨切块，姜片切块，蒜头略拍但不要切成末。

2. 起油锅爆响蒜头、姜片，放入鸡腿煸炒至变色，倒入米酒。

3. 倒入酱油，加适量的水，盖锅盖焖至鸡肉全熟。

4. 放入清洗过的九层塔，搅拌均匀后淋点麻油即可。

材料 /Materials

- 食材: 鸡腿肉、九层塔
- 调料: 姜、蒜、酱油、麻油、米酒

臻臻这样说：

1. 请尽量选用台湾风味的调料。

2. 台式三杯指的是麻油、米酒、酱油各一杯。这里的麻油指的是黑麻油，传统做法是先用麻油煸香姜片到稍微起皱，再进行下一步的烹饪。如果没有黑麻油，可用小磨麻油代替，最后出锅前淋入即可。

3. 九层塔又称金不换、罗勒叶，为了使口感更浓郁，可以多放一点。用来调味的是叶子部分，根茎不用。

见菜如见我
✦ 西柠煎软鸡 ✦

西方的感恩节，虽然跟中国人没大多关系，倒是可以成为饕餮饱餐一顿的最佳借口。我也想趁这机会，借助美食向所有的好朋友感恩。这道西柠煎软鸡，有如我一般酸甜开胃的脾气个性、爽脆可口的说话方式、柔软洁白的内心状态、金黄灿烂的可爱笑脸。

见菜如见人，奉上美食，外加美女一枚。

做法 /Steps

1. 鸡胸肉略拍，用盐和黑胡椒腌渍半小时。

2. 用一个鸡蛋和 4 勺生粉，混合成蛋糊。

3. 把腌渍后的鸡排浸润在蛋糊中，确保鸡排完全裹上蛋液。

4. 锅烧热，加入少量油，放入鸡排煎熟后取出切片。

5. 用柠檬汁、白醋、糖搅匀后勾芡，制作成西柠汁淋在鸡排上。

臻臻这样说：

1. 鸡胸肉比较柴，一定要事先拍松。也可以用鸡腿肉代替。

2. 蛋糊要挂得稍厚一点，才能让鸡排外壳松脆。

3. 如果想让鸡排更入味并且喜欢软糯的口感，可以在西柠汁做好后把鸡排放回锅内，和汁充分混合后装盘。如果想要爽脆一些，就直接把汁淋在鸡排上。

材料 /Materials

- 食材: 鸡胸肉、鸡蛋
- 调料: 黑胡椒、生粉、盐、白醋、柠檬汁、糖、食用油

好吃？减肥？傻傻分不清楚

鸡肉丸子汤

鸡胸肉是为减肥而生的，没有油脂，还能补充蛋白质，把它做得好吃一点是我的追求。于是，这道菜就诞生了。

做法 /Steps

1. 鸡胸肉剁碎，分两次往里打水，使肉质更嫩滑。

2. 放料酒、盐、胡椒调味，腌渍 20 分钟。

3. 卷心菜切块洗净，放入水中煮熟。

4. 把鸡肉用勺子和手帮忙团成丸子，一个个放入卷心菜汤中余熟。

5. 汤内放入姜丝去腥，撒盐调味。

臻臻这样说：

1. 可以用鸡腿肉来代替鸡胸肉。

2. 打水时时要顺时针搅拌到水完全被鸡肉吸收为止。

3. 为了增加肥嫩口感，可以把杏鲍菇剁碎后加入到鸡肉馅中。

材料 /Materials

- 食材: 鸡胸肉 、卷心菜
- 调料: 料酒、盐、胡椒粉、姜

把美味交给时间

火腿扁尖老鸭汤

冷冷的冬日，来碗热热的汤最合适不过啦。这一锅老鸭汤，实在说不出有什么技巧可言，唯独把美味交给时间，自然会给你满分的答卷。

 做法 /Steps

1. 扁尖笋放入水中浸泡几次，去除咸味，撕成细条。

2. 老鸭半只，洗净后放入锅内略煎至皮色变黄。

3. 将老鸭放入砂锅内，一次性加满水，加入姜片、火腿片、扁尖笋，大火烧开，小火慢炖两个小时。其间在炖了一个半小时后可放入枸杞。

4. 最后再根据自己的口味放入适量盐来调味。

臻臻这样说：

1. 因为放了扁尖，已经有咸度，建议尽量少放些盐。

2. 饲养一年以上为老鸭，体积大，分量重；脚底厚，有硬块；脚和喙颜色淡，有黑色斑点，宰后呈淡黄色。

材料 /Materials

● 食材：老鸭、扁尖笋、火腿、枸杞

● 调料：姜、盐、食用油

周 华

中国烹饪大师，世界厨艺大师。罗曼园高级婚礼会馆行政总厨。

⇜ 蒜香牛油美极虾 ⇝

🍳 材料 /Materials

- 食材: 基围虾 300 克
- 调料: 蒜茸 10 克，黄油 15 克，美极鲜酱油 5 克，
  李锦记鲜虾鲜 5 克，花雕酒 10 克，糖 3 克，
  矿泉水 25 克

做法 /Steps

1. 将基围虾剪去须、脚，开肚。

2. 把美极酱油、李锦记鲜虾鲜、糖、花雕酒、矿泉水调匀后放入基围虾腌渍 15 分钟。

3. 取平底锅烧热放入蒜茸、黄油爆香，再放入腌渍好的基围虾摆放整齐，倒入腌虾的调料，开大火烧开。

4. 将虾翻面后加盖收干汁，即可装盆。

TIPS

这道菜肴色泽红润、酱香味浓、虾肉鲜香、富有弹性。

TIPS

骟鸡又称"阉鸡"，是未发育时被阉割过的小公鸡，皮薄，肉嫩，脂香，味道不腥不膻，是饭桌上的上乘之品。这道菜选用圣华老浦东骟鸡制作，成菜鸡肉酥香入味，色泽金红油亮。圣华老浦东鸡选用本土珍稀品种，放养于自然生态园林。鸡的生长周期 200 天以上，其饮食搭配亦是精细而营养，满足了人们对食材一贯的考究。

⊰ 台式三杯鸡 ⊱

👨‍🍳 材料 /Materials

- 食材: 圣华老浦东骏鸡 1 只（净 1500 克），九层塔 25 克
- 调料: 蒜头 75 克，姜片 50 克，李锦记天成一味 15 克，台湾米酒
  150 克或啤酒 600 毫升，富味香黑麻油 10 克，冰糖 15 克

🥄 做法 /Steps

1. 将小公鸡分档拆骨切块，用 5 克酱油拌匀腌渍。

2. 取炒锅放油，将蒜头炸至金黄，锅内留少量底油，倒入姜片煸炒出香味，放入腌渍过的鸡块，炒至变色后，放入天成一味、米酒、冰糖、炸好的蒜头，加盖烧开，转中火将鸡肉焖酥，再加入麻油收汁。

3. 至汤汁收干，撒下九层塔翻炒出香味即可。

具体制作过程，可扫描二维码，观看由上海艺昕文化传播有限公司拍摄并剪辑呈现的精彩视频。拍摄场地：菲仕乐美食教室。

饭点素食配

好吃的方式不止一种

三文鱼炒饭

家人不爱吃生食，倒是给我省钱了。怎么变着法子地保持食物的美味，又不需花费太多的成本，一直是小厨娘琢磨的问题。三文鱼也是如此，选择对的部位来炒着吃，味道同样精彩。

 做法 /Steps

1. 芦笋切段，烫熟待用。

2. 三文鱼切块，放入锅内煎熟后盛出。

3. 隔夜的冷饭放入锅内炒散。

4. 混合芦笋和三文鱼，加盐和胡椒调味即可。

材料 /Materials

- 食材: 三文鱼、芦笋、米饭
- 调料: 盐、胡椒、食用油

臻臻这样说：

1. 芦笋在汆烫前可以略削掉些外皮，这样口感更嫩些。

2. 一定要用隔夜的冷饭来进行炒制。

3. 可以选用三文鱼尾部的活肉，口感既好，价钱还便宜。

焗饭或盖饭？烤箱或微波？

虾仁饭的多重变身

这道虾仁焗饭，其实可以有多重变身。爱吃芝士的做成焗饭，不爱吃的做成盖饭。有烤箱的放进去烘，没烤箱的进微波炉即可。

做法 /Steps

1. 西葫芦切丁，胡萝卜切丁，放入开水中余烫后略炒。

2. 隔夜的冷饭，打入一个鸡蛋拌匀，放入油锅内炒成蛋炒饭。

3. 虾仁洗净，挑去沙线，加盐和少许生粉拌匀，放入油锅内煸炒变色。

4. 倒入西葫芦丁和胡萝卜丁，加番茄酱、盐、黑胡椒、水，烧成酱汁。

5. 取一个焗烤容器，蛋炒饭铺底，上面铺虾仁酱汁，最上面盖上马苏里拉芝士。

6. 放入预热过的烤箱，用上下火225℃烤10分钟即可。

臻臻这样说：

1. 酱汁中加一小碗水，熬到浓稠的液体状。这样使米饭能浸润在酱汁中，味道浓郁。

2. 要使虾仁的口感更弹牙，可事先加盐轻轻揉搓至发黏，然后冲水，反复几次，直到虾仁没有黏度了即可。

3. 也可用培根、芦笋等你喜欢的原料来制作这道菜。

4. 如果家里没有烤箱，可以直接放微波炉里，把芝士转到融化即可。

5. 如果不喜欢吃芝士也可以不放，直接把酱汁淋在饭上做成盖饭也很好吃哦。

材料 /Materials

- 食材：米饭、虾仁、西葫芦、胡萝卜、鸡蛋
- 调料：马苏里拉芝士、盐、生粉、黑胡椒、番茄酱、食用油

吃块头大的菜会不会变成大块头

黑椒年糕牛仔粒

这绝对是一道适合大块朵颐的菜肴，因为无论是牛肉粒还是年糕粒，块头都够大！一口一个，酥软的年糕混合着爆汁的牛肉。欧麦嘎！根本停不下来！吃肉长肉，再配上白嫩的年糕，我这是要长成"小白猪"的节奏？

做法 /Steps

1. 牛肉切成色子大小的粒，加蚝油、生抽、料酒、黑胡椒、生粉、油，腌渍半小时。

2. 年糕切成色子大小的粒，放入开水中烫软。

3. 洋葱切块，大蒜剁碎。

4. 锅烧热，放入牛肉粒煎至四面变色后捞起。

5. 倒少许油，放入洋葱、大蒜煸炒至透明。

6. 倒入牛肉粒，根据口味再放入蚝油、酱油、糖、黑胡椒，进行调味。

7. 关火后趁热撒入烘焙过的松子，拌入适量黄油。

臻臻这样说：

1. 牛肉在腌渍过程中加入了油，所以煎牛肉的时候就不需要再加了。

2. 松子可以放入烤箱烘焙一下，让香味更容易散发。150℃，5分钟，或者直接微波炉高火1分钟。

3. 黄油不耐热，需要关火后再放入。

4. 为了使黑胡椒味更浓厚，可以使用磨碎的黑胡椒粒来进行调味。

5. 我选用的是整块牛菲利切成牛肉粒，口感较嫩。

材料 /Materials

- 食材：牛肉粒、年糕、松子、洋葱、大蒜
- 调料：黄油、生粉、黑胡椒、蚝油、酱油、料酒、糖、食用油

蒸呀么蒸糕兴

紫薯蒸糕

前几天《今天吃什么》节目直播，嘉宾分享了祖传松糕的做法，说得我心里超痒。上午就在家摆开阵仗开始试验，按照嘉宾老师的指点，再运用家里现有的食材，弄了一道"紫薯松糕"。第一次做糕，出来的作品还挺有模有样，我心里真呀么真糕兴！下次可以发糕、拉糕、定胜糕的节奏走起。

做法 /Steps

1. 分别称100克大米和糯米粉。大米放入料理机碎成粉，和糯米粉、糖一起放入盆内。

2. 紫薯洗净蒸熟，剥去外皮，过筛成细茸后也放入盆中。

3. 放一点点水，把三者轻轻揉搓成细粉。就是轻捏能成团，用手一压就能散成粉的状态。

4. 然后把粉过筛得更细，最好过筛两遍。筛完之后静置半小时醒发一下。

5. 采用深碗或蛋糕模具，底部涂点油，把一半的细粉放入，上面撒点葡萄干，锅内水开后蒸5分钟取出。

6. 再把另一半细粉放入模具内，表面抹平，撒上葡萄干，再封入锅内蒸20分钟即可。

臻臻这样说：

1. 大米尽量打得碎一点。

2. 过筛要有耐心，筛得细点口感更佳。

3. 水一定不能一次加太多，一定要掌握好能捏成团又能散成粉的状态。

4. 第一次蒸是为了让底部更坚固，不至于塌陷。

5. 你可以用任何喜欢的蜜饯来替代葡萄干。如果想放豆类，则需要事先煮熟才行。

材料 /Materials

- 食材：大米、糯米粉、紫薯、葡萄干
- 调料：绵白糖、食用油

107

汪姐好手艺，教我私房菜

素蛏子

因为节目采访的关系，与汪姐私房菜掌勺人汪姐相识。可能都是出生于老上海城隍庙附近，所以我俩特别投缘。这道素蛏子号称江湖上失传已久的绍兴菜，看汪姐做过一次，其中包含着爽、脆、鲜、软、嫩等多种口感，好吃得不得了。

做法 /Steps

1. 黄花菜、黑木耳泡软。

2. 黑木耳切丝，薄百叶切成条。

3. 把金针菇、黄花菜、黑木耳包成卷，尾部切齐。

4. 锅内烧开水，将包好的素蛏子放入蒸锅蒸 8 ～ 10 分钟。

5. 取出盘子，撒上葱花、椒圈、白胡椒粉，淋上太太乐鲜贝露，最后浇上热油即可。

臻臻这样说：

太太乐鲜贝露，把整只鲜贝的精华完全提炼出来，鲜得不得了，媲美特级美极鲜酱油，适合蘸食、凉拌，是懒人最佳调味佳品。

材料 /Materials

- 食材：薄百叶、金针菇、黄花菜、黑木耳
- 调料：葱、小辣椒、白胡椒粉、太太乐鲜贝露、食用油

吃剩肉汁还能梅开二度

蒜味蒸芋头

　　前天晚上做的"豆豉蒸排骨"被一抢而光，吃剩下的汤汁是肉的精华，不舍得倒掉，琢磨着用它来蒸芋头应该很合适。于是连夜在生鲜网站上订购了荔浦大芋头，切切弄弄，又一道好菜上桌啦。

做法 /Steps

1. 荔浦芋头洗净削皮，切成骰子大小的方块，把芋头平铺在盘子里。

2. 大蒜切末，放入油锅内，用小火熬成蒜油。

3. 在蒜油中倒入吃剩的肉汁，慢慢熬成酱汁，淋在芋头上，再撒些枸杞和香菜。

4. 等蒸锅水开后，放入芋头蒸 15 分钟即可。

臻臻这样说：

1. 吃剩下的红烧肉汁、清蒸肉汁等，都可以拿来使用。

2. 熬蒜油一定要全程小火，熬到蒜末微微发黄发干，并香气四溢即可。

3. 在制作酱汁的过程中，可根据自己不同的口味再来进行调味。因为芋头本身味道较淡，所以酱汁味可以稍浓郁些。

材料 /Materials

- 食材：荔浦芋头、枸杞、香菜
- 调料：大蒜、肉汁、食用油

Mikko（王磊）

MACASA The Kitchen 甜点主厨。

❖ 意大利奶冻 ❖

　　Panna Cotta 是源自意大利北方的一个传统甜品。*Panna* 是奶油的意思，*Cotta* 就是烹调的意思。换句话说就是烹制奶油。呃，其实口感上更像是布丁，所以可以叫做意大利奶冻。

 材料 /Materials

- 食材: 淡奶油 400 克, 香草棒 1 根, 鱼胶片 4 片
- 调料: 糖 180 克

 做法 /Steps

1. 把鱼胶片用温水泡软。

2. 奶油和糖倒进锅里小火烧热，搅拌使糖溶化；接着把泡软的鱼胶片加入继续搅拌，注意不要糊锅。

3. 熄火后把煮好的奶油倒入布丁杯或者容器中，放入冰箱 2 小时即可。

4. 取出奶冻，倒扣在盘子上，用水果装饰在盘子周围。

TIPS

1. 放入容器里的 Panna Cotta, 常温下要等待 2~3 小时才能完全凝固。如果着急，可以放凉再入冰箱冷藏室，或者用冰水使其加速冷却。

2. 注意最好不要用容易氧化的苹果或者香气太浓的香蕉，清爽型的莓类浆果最合适。

具体制作过程，可扫描二维码，观看由上海艺昕文化传播有限公司拍摄并剪辑呈现的精彩视频。拍摄场地: 方太顶级厨电馆。

TIPS

1. 这款蛋糕关键在于烤焙的温度和时间。需要使用高温快烤,以达到外部的蛋糕组织已经坚固,但内部仍是液态的效果。如果烤的时间过长,则内部凝固,吃的时候就不会有"熔岩"流出来的效果。如果烤的时间不够,外部组织不够坚固,可能出炉后蛋糕就会"趴"下了。

2. 使用方太烤箱,八段循环烘焙技术,3D 立体均衡控温,烘焙效果更好,更有干粉搪瓷涂层、三层低温隔热钢化玻璃门,易清洁,更安全。

3. 要趁热食用,否则就看不到内部巧克力汩汩流出了,口感也会打折扣。

✖ 主厨巧克力蛋糕 ✖

　　这款熔岩巧克力蛋糕，又叫巧克力软心蛋糕、岩浆巧克力蛋糕等，它通过故意不将蛋糕内部完全烤熟，造成内部"软心"的效果。

 做法 /Steps

1. 巧克力和黄油隔水加热至完全融化，稍微冷却后待用。

2. 蛋黄与鸡蛋倒进干净的碗中，加入白糖，用电动打蛋器打发至略微浓稠的感觉，再加入蛋糕粉搅拌均匀。

3. 最后加入融化好的巧克力和黄油，搅拌均匀即可。

4. 模具底部涂上黄油，把调好的酱倒入。

5. 放入预热好 220℃的方太烤箱烤 8~10 分钟后取出，待不烫手的时候，撕去纸模，撒上糖粉，趁热食用。

 材料 /Materials

- 食材: 66% 黑巧克力 500 克，蛋黄 180 克，鸡蛋 600 克，蛋糕粉 50 克

- 调料: 黄油 500 克，糖 275 克

鱼 菲

《上海电视》"美食课堂"专栏作家。

著有美食书《行走的厨房》。

✂ 蜂蜜黑椒牛排粒 ✂

材料 /Materials

- 食材: 澳洲和牛侧腹牛排 1 块, 综合生菜 1 份
- 调料: 综合香料 2 勺, 柠檬醋 3 勺, 黑胡椒 1 勺, 老抽 1 勺, 生抽 2 勺, 蜂蜜 2 勺, 盐少许

做法 /Steps

1. 牛排用综合香料按摩均匀, 腌渍 3~5 分钟。

2. 锅子烧烫, 油烧热, 放下牛排煎 10 秒, 翻面再煎 10 秒, 拿出放砧板上, 切块。

3. 老抽、生抽、蜂蜜、黑胡椒混合搅拌均匀, 加 3 勺清水, 倒入锅里。

4. 酱汁沸腾后, 倒入牛肉, 离火翻炒 15 秒, 装盘。

5. 综合生菜撒少许盐, 下柠檬醋、黑胡椒, 拌匀, 堆放在牛肉旁边, 即告完成。

TIPS

侧腹牛肉是所有牛排肉里最嫩的,先煎后切,
是为了把肉汁锁在里面,嚼起来更多汁。

具体制作过程,可扫描二维码,
观看由上海艺昕文化传播有限
公司拍摄并剪辑呈现的精彩视
频。拍摄场地:方太顶级厨电馆。

TIPS

1. 苹果去皮后容易锈，切好一点就要立即浸在红菜头汁中。

2. 我们选用菲仕乐汤锅来煮这道甜品，其防烫性能把手及敞开式锅边缘无滴漏设计，令烹饪更安全轻松。锅底受热均匀，加上高密封性能，不仅炖汤煮粥更加方便,亦具备煎、蒸、炸的全面功能,让你从此爱上下厨。

❋ 红珍珠椰露 ❋

材料 /Materials

- 食材: 苹果 1 个, 红菜头汁 1 碗, 木薯粉 1 碗
- 调料: 椰奶 1 杯, 新鲜椰肉 1 小碗, 蜂蜜适量

做法 /Steps

1. 苹果去皮, 切成色子大小, 浸在红菜头汁里 2 小时。

2. 椰奶、椰肉和蜂蜜倒入干净锅中, 搅拌均匀; 同时另起一锅清水煮沸。

3. 捞出浸好的苹果, 放在木薯粉中裹匀。

4. 清水煮沸后, 放入裹好的苹果。

5. 煮到苹果浮起捞出, 立刻放入冰水中降至常温, 捞出放入蜂蜜椰奶中即可。

食家饭

美食作家，著有《半间灶披间》、《上海韩餐厅指南》等书，并为《橄榄餐厅评论》、《香港商报》、《经济观察报》等多家报刊撰写专栏。

✖ 雪菜子姜墨鱼卷 ✖

材料 /Materials

- 食材: 墨鱼 500 克, 新雪菜 100 克, 子姜 1 块
- 调料: 盐 5 克, 糖 15 克, 黄酒 20 克, 淀粉 10 克, 食用油 15 克, 小葱、老姜各适量

做法 /Steps

1. 墨鱼洗净, 取身体部分, 剞花刀; 煮葱姜水, 将墨鱼片快速氽水待用。

2. 子姜切菱形指甲片。

3. 起油锅, 将新雪菜煸一下, 加适量糖调味。

4. 加入子姜和氽过水的墨鱼片翻炒, 喷黄酒少许, 加盐和糖。

5. 淀粉勾薄芡, 翻炒至起稠, 装盆。

TIPS

1. 墨鱼性寒, 加子姜可以起到平衡作用, 且更提墨鱼鲜味。

2. 葱姜水中要用老姜, 否则味不够浓。

3. 墨鱼剞花刀, 进刀角度 45 度以下, 墨鱼卷得更漂亮。

具体制作过程, 可扫描二维码, 观看由上海艺昕文化传播有限公司拍摄并剪辑呈现的精彩视频。拍摄场地: 方太顶级厨电馆。

TIPS

1. 浸发香菇的水不要倒掉,用来做芡汁提鲜。

2. 香菇挑小一些的,整只制作更漂亮。

3. 制作中餐时,多半要起油锅,做完饭后总觉得脸上油腻腻的,吃饭也没胃口。现在有方太云魔方吸油烟机为你解决这一困扰。其"蝶翼环吸板"设计,带来"立方环吸效应",进烟速度更快,又可有效减少油烟逃逸;搭载方太专利"高效静吸"科技,有效减低噪音;数十项贴心易洁设计,清洁从此更省心。

❊ 炒双冬 ❊

 材料 /Materials

- 食材: 干香菇 30 克, 冬笋 500 克
- 调料: 酱油 50 克, 糖 25 克, 淀粉 10 克, 食用油 50 克, 麻油 15 克

 做法 /Steps

1. 干香菇泡发过夜，去蒂；发香菇的水滤沙待用。

2. 冬笋切片，余水 5 分钟去涩味，沥干待用。

3. 起油锅，至八分热倒入笋片和香菇，中火翻炒至吃进油。

4. 用浸发香菇的水和酱油、糖，加淀粉调薄芡汁，倒入锅中，
   调中小火继续翻炒至酱汁浓稠。

5. 装盆，淋麻油

123

汪 英

汪姐私房菜掌门人。

124

✕ 爆脆鳝 ✕

材料 /Materials

- 食材: 黄鳝、鸡蛋、胡萝卜、香菜
- 调料: 料酒、生粉、食用油、蒜末、酱油、糖、味精、香油

做法 /Steps

1. 鳝鱼划好洗净，放入开水中氽烫，加入料酒去腥。

2. 鳝鱼烫软后捞起，放入冷水中浸泡片刻，让鳝鱼更有弹性。

3. 在鳝鱼中打入一个鸡蛋，揉捏均匀。

4. 把鳝鱼一根根放入生粉中，使其充分裹上生粉。

5. 起油锅，油烧热后放入鳝鱼炸至定型，然后再复炸一遍增加酥脆口感。

6. 煸香胡萝卜丝、蒜末，倒入酱油、醋、糖、味精、香油，搅拌均匀后，收到浓稠。

7. 倒入炸好的鳝鱼，搅拌均匀后撒上香菜，装盘。

具体制作过程，可扫描二维码，观看由上海艺昕文化传播有限公司拍摄并剪辑呈现的精彩视频。拍摄场地：汪姐私房菜。

TIPS

1.青菜最好挑最嫩的菜心，喜欢辣的可以放点小辣椒，似有鱼香之味。

2.这是个重油、重糖的菜，不能舍不得料。

3.中间不用加水，用青菜本身的水分焖，直至青菜变成酱油色。

⊱ 宁波烤菜 ⊰

材料 /Materials

- 食材: 青菜、胡萝卜
- 调料: 盐、白糖、酱油、醋、食用油

 做法 /Steps

1. 胡萝卜洗净切丝, 青菜洗净。

2. 锅内倒油, 放入胡萝卜煸炒至软。

3. 放入青菜翻炒, 然后加糖、老抽和醋, 以小火慢慢烧至上色入味即可。

4. 起锅前再洒上一点醋, 此刻香味扑鼻而来, 增进不少食欲。

鸣　谢

感谢宁波方太营销有限公司和菲仕乐贸易(上海)有限公司提供厨具和拍摄场地

感谢上海通惠保健食品有限公司和上海圣华副食品有限公司提供食材

感谢上海艺昕文化传播有限公司提供摄影和摄像支持

感谢芭莎品牌摄影 www.bobo-bazaar.com 提供主持人写真拍摄

图书在版编目（ＣＩＰ）数据

做饭臻简单 / 臻臻著. -- 上海：上海文化出版社，2014.5
ISBN 978-7-5535-0244-1
Ⅰ. ①做… Ⅱ. ①臻… Ⅲ. ①菜谱 Ⅳ.①TS972. 12
中国版本图书馆CIP数据核字（2014）第078313号

出 版 人　王　刚
责任编辑　黄慧鸣
装帧设计　汤　靖
责任监制　陈　平

书　　　名　做饭臻简单
作　　　者　臻　臻

出　　　版　世纪出版集团
　　　　　　上海文化出版社
地　　　址　上海市绍兴路7号
邮政编码　200020
网　　　址　www.cshwh.com
发　　　行　上海世纪出版股份有限公司发行中心
印　　　刷　凯基印刷（上海）有限公司
开　　　本　787×1092　 1/18
印　　　张　7 1/3
版　　　次　2014年5月第1版　2014年5月第1次印刷
印　　　数　1-5210册
书　　　号　ISBN 978-7-5535-0244-1 / TS.019
定　　　价　32.00元
告读者　本书如有质量问题请联系印刷厂质量科
T：021-51870060